Sitzungsberichte der Heidelberger Akademie der Wissenschaften

Stiftung Heinrich Lanz

Mathematisch-naturwissenschaftliche Klasse

*) *Jahrgang* 1921 *erschien im Verlage von Carl Winters Universitätsbuchhandlung in Heidelberg.*

Im Verlag von Walter de Gruyter & Co. vormals G. J. Göschen'sche Verlagshandlung — J. Guttentag, Verlagsbuchhandlung — Georg Reimer — Karl J. Trübner — Veit & Comp., Berlin, erschienen:

Abteilung A. Mathematisch-physikalische Wissenschaften.

Jahrg. 1922: 3 Hefte. — Jahrg. 1923: 5 Hefte. — Jahrg. 1924: 11 Hefte.

Abteilung B. Biologische Wissenschaften.

Jahrgang 1923: 1 Heft.

Von Jahrgang 1925 *ab findet die Trennung in Abteilung A und B nicht mehr statt.*

Vom Jahrgang 1925 sind 15 Hefte erschienen.

Jahrgang 1926. 1. KRULL, WOLFGANG. Theorie und Anwendung der verallgemeinerten Abelschen Gruppen. Reichsmark 1.70

2. KLEBS, GEORG. Über periodisch wachsende tropische Baumarten. Rm. 1.20
3. MÜLLER, MAX. Über die Oberfläche von Flächenstücken. Reichsmark 1.20
4. ERNST, MAX. Über Anlagen von Organen, die nicht zur Ausbildung gelangen. Reichsmark 0.50
5. ERNST, EMIL. Die optischen Eigenschaften des Andesins von Bodenmais. Reichsmark 1.10
6. LIEPMANN, WILHELM. Leichengeburt bei Ichthyosauriern. Reichsmark 0.90
7. KLEBS, GEORG. Über die Längenperiode der Internodien. Reichsmark 2.40
8. JOST, L., u. v. UBISCH, G. Zur Windefrage. Reichsmark 0.80
9. SALOMON, WILHELM. Gibt es Gesteine, die für bestimmte Erdperioden charakteristisch sind? Reichsmark 0.30
10. ROESER, ERNST. Der reelle Übergang zwischen den beiden nichteuklidischen Geometrien und ihrem Parallelenbegriff. Reichsmark 1.20
11. SALOMON, WILHELM. Kugelförmige Absonderung. Reichsmark 0.80
12. SALOMON. Felsenmeere und Blockstreuungen. Reichsmark 0.80
13. SALOMON. Die Gruppendefinitionen in der Paläontologie. Reichsmark 0.90

Jahrgang 1927. 1. LOEWY, ALFRED. Neue elementare Begründung und Erweiterung der Galoisschen Theorie. Reichsmark 1.60

2. LIEBMANN, HEINRICH. Rhombische Geradennetze im Raum. Reichsmark 1.—
3. VOLK, OTTO. Über geodätische Dreiecknetze auf Flächen konstanten Krümmungsmaßes. Reichsmark 1.80
4. PÜTTER. A. Chemische Reizwirkung und Giftwirkung. Mit einem mathematischen Anhang: Ein Diffusionsproblem von E. TREFFTZ. Reichsmark 2.40
5. REMBS, EDUARD. Die Verbiegung des verlängerten Rotationsellipsoids. Reichsmark 1.60
6. MAYER, ADOLF. Naturwissenschaftliche Ästhetik. Reichsmark 0.90
7. MAYER, ADOLF. Naturwissenschaftliche Volkswirtschaftslehre. Reichsm. 0.80
8. BAER, R., KAPFERER, H., KRULL, W., SCHMIDT, F. K. Beiträge zur Algebra. Nr. 5—10. Reichsmark 6.20
9. MÜLLER, MAX. Über die Eindeutigkeit der Integrale eines Systems gewöhnlicher Differentialgleichungen und die Konvergenz einer Gattung von Verfahren zur Approximation dieser Integrale. Reichsmark 2.50
10. FREUDENBERG, KARL. Intramolekulare Umlagerung optisch-aktiver Systeme. Reichsmark 1.—

(Fortsetzung siehe 3. Umschlagseite)

*) Bestellungen auf solche Veröffentlichungen der math,-naturw. Klasse, welche früher im Verlag von Carl Winters Universitätsbuchhandlung in Heidelberg erschienen sind, nimmt auch der Verlag Walter de Gruyter & Co., Berlin, entgegen.

Sitzungsberichte
der Heidelberger Akademie der Wissenschaften
Mathematisch-naturwissenschaftliche Klasse
Jahrgang 1931. 4. Abhandlung

Über Zoisitoligoklaspegmatit und seine Beziehung zu anorthositischen Magmen

von

O. H. Erdmannsdörffer
in Heidelberg

Vorgelegt den 26. Juni 1931

Berlin und Leipzig 1931
Walter de Gruyter & Co.
vormals G. J. Göschen'sche Verlagshandlung / J. Guttentag, Verlagsbuchhandlung / Georg Reimer / Karl J. Trübner / Veit & Comp.

Archiv-Nr. 52 04 31
Druck von Walter de Gruyter & Co., Berlin W. 10

Das Zoisitvorkommen vom Weißenstein bei Stammbach am Fichtelgebirge ist zwar altbekannt und in vielen Sammlungen verbreitet, aber noch niemals näher untersucht worden. Erschwerend für seine Deutung ist der Umstand, daß es nur in einzelnen Blöcken zu beobachten ist. Material davon habe ich teils selbst gesammelt, teils verdanke ich es Herrn Professor GOSSNER in München und Herrn LORZ in Münnerstadt.

Wie viele Eklogite wird auch der vom Weißenstein von einer Amphibolitzone umgeben und von pegmatitartigen Gangmassen durchsetzt. Das zu diesen gehörende Muttergestein des Zoisits wurde von GÜMBEL [1]) als plagioklasreich erkannt, SCHNEIDER [2]) spricht von einem „granitartigen Gemenge".

Das Gestein besteht aus *Zoisit*, *Muskovit*, *Plagioklas*, *Quarz* und lokal etwas *Granat*.

Der *Zoisit* bildet bis mehrere dm lange Prismen, die schon mehrfach optische Untersuchungen veranlaßt haben. Zur Ergänzung mögen folgende Daten dienen:

An einem Prisma von 30° 16′ maß ich für 3 Hg-Linien (± 0.0003):

	λ	579—578	546	436
	α	1.7025	1.7039	1.7063
	β	—	1.7052	—
	γ	1.7063	1.7084	1.7154
daraus:	$\gamma-\alpha$	0.0038	0.0045	0.0094
	$\gamma-\beta$	—	0.0032	—
	$\beta-\alpha$	—	0.0013	—

$\gamma-\alpha_{Na}$ mit BEREK-Kompensator = 0.005.
$\gamma_{Na} = 1.706$ am Totalreflektometer; aus den oben angegebenen Werten interpoliert = 1.7062.

Die Achsenebene liegt in der vollkommenen Spaltfläche; 2 E mit Grünfilter im Mikroskop gemessen = 64° mit starker

[1]) GÜMBEL, Geogn. Beschr. d. Fichtelgebirges 1879 S. 139.
[2]) SCHNEIDER, Leonh. Taschenbuch IV 1810, S. 73.

Dispersion $v > \varrho$, aus $\alpha\beta\gamma_{546}$ berechnet $2V = 36^0 36'$, daraus $2E = 64^0 44'$.

In anderen Individuen sind, wie bekannt, optische Orientierung, 2 V und dessen Dispersion häufigem Wechsel unterworfen.

Der Feldspat ist ausschließlich, im Gegensatz zu Gümbels Vermutung, *Oligoklas*. Kalifeldspat wurde weder im Präparat noch bei der Zentrifugierung einer Probe auch nur in Spuren gefunden. Die optischen Eigenschaften sind:

Auslöschung $\perp$ a: $-8.7^0 = An_{13}$, $-6^0 = An_{16}$.

$\perp \alpha$: $-7^0 = An_{15}$.

Maximum $\perp$ a $= -9^0 = An_{13}$.

Die Zwillingsverwachsung erfolgt vorwiegend nach dem Periklingesetz mit untergeordneter Albitlamellierung. 2 V schwankt zwischen 83° und 90° bei negativem Charakter. Dies steht mit den aus den Auslöschungen gefundenen Werten nicht völlig im Einklang.

Muskovit tritt in zweierlei Form auf:

1. In einzelnen dicken Kristalloiden und Blättern. Dem Zoisit gegenüber verhalten sie sich xenomorph und umschließen auch einzelne Säulchen von ihm. Achsenebene || (010), $2E = 68-70^0$ $\varrho > v$; $\gamma - \alpha = 0.029$, β und $\gamma > 1.582 < 1.585$. Probe auf Li negativ.

2. In Verwachsung mit Zoisit, vorwiegend so, daß sein (001) den Spaltflächen des Zoisits ein- und aufliegt. In mehreren Fällen liegt hierbei eine regelmäßige Verwachsung vor: a des Muskovits parallel a des Zoisits, und b parallel b, wenn man dem letzteren die von Gossner gewählte Aufstellung gibt (Spaltfläche = (100)) [1]. Die sich entsprechenden Gitterdimensionen sind dann:

8.94 || 10.08 und 5.17 || 5.63.

Zweifellos ist diese Paragenese keine „Umwandlung", wie Blum [2]) sie von hier angibt, sondern eine „primäre" Verwachsung.

Die Glimmer wechseln übrigens auch in ihren optischen Eigenschaften, z. B. $2E = 16^0$. Ganz selten ist etwas *Biotit.*

Quarz bildet vereinzelte meist zusammengeballte Körner und Körnerhaufen, tritt aber auch in spärlichen symplektitischen Stengeln im Plagioklas auf.

---

[1]) Gossner und Mussgung, Über kristallogr. Beziehungen zw. Epidot u. Zoisit. Centralbl. f. Min. 1930 A, S. 369.

[2]) Blum, Die Pseudomorphosen des Mineralreiches. 4. Nachtrag 1879 S. 45.

Ganz untergeordnet und nur an aplitisch struierte Stellen gebunden ist *Granat* (Almandin) in bis 1 mm großen Körnern oder Kriställchen (211). Er ist isotrop und umschließt Säulchen von Zoisit.

Die *Struktur* des Gesteins ist hypidiomorph körnig mit der Ausscheidungsreihenfolge: Zoisit-Muskovit, Granat, Plagioklas, Quarz. Häufig werden zerbrochene Zoisitsäulen durch die jüngeren Gemengteile verkittet. Die Textur ist richtungslos, nur lokal stehen die Zoisitstengel senkrecht auf dem Salband ähnlich wie dies in andern Pegmatiten von Turmalin u. a. bekannt ist. An einzelnen Stellen geht die Struktur in typisch aplitische über.

Das *Nebengestein* ist in den mir vorliegenden Stücken ein grobkörniger massiger *Granatamphibolit*, ein Gestein, das den zentralen Eklogitkern des Weißensteins als randliche Schale umhüllt. Die Grenze zum Pegmatit erscheint scharf, bei genauerem Zusehen erkennt man aber mehrfach, daß die Gemengteile des Pegmatits sich zwischen die des Amphibolits einschieben, so daß auf kurze Erstreckung eine Art Mischung beider entsteht. Vereinzelt liegen auch kleine scharf begrenzte Stücke von Amphibolit im Pegmatit.

In solchem Zwischengestein ist der *Plagioklas* ebenfalls An_{13} Die *Hornblende* (α hellgelb, β laubgrün, γ graugrün, $c\gamma = 14—17^0$, $2V = -85^0$) umschließt *Titanit*, z. T. idiomorph, *Zirkon*, *Rutil*, selten etwas *Muskovit* und *Chlorit*, der wohl aus *Biotit* entstanden ist, ist den übrigen Gemengteilen gegenüber aber deutlich älter; besonders *Zoisit* umschließt angefressene regellose Fetzen von ihr; im *Plagioklas* liegen kleine neukristallisierte Hornblendesäulchen, auch an der scheinbar scharfen Grenze Amphibolit-Pegmatit ragen authigene Hornblendekristalle idiomorph in den anstoßondon Plagioklas hinein. Die Kristallisationsbereiche beider überschneiden sich also eine Strecke weit.

Biotit ist etwas häufiger als im normalen Pegmatit, einzelne *Granat*körner im Quarz scheinen aus dem Amphibolit übernommen. Das gleiche gilt für die seltenen, mit Hornblende durchwachsenen *Pyroxen*reste.

Die *Mengenverhältnisse* der normalen Pegmatitgemengteile schwanken beträchtlich. Zahlreiche Messungen nach Rosiwal führten zu den Durchschnittsvolumwerten unter I, woraus sich die Gewichtsprozente unter II ergeben:

	I	II
Quarz	6.7	6.1
Plagioklas	52.8	48.1
Zoisit	37.5	42.9
Muskovit	3.0	2.9

Aus II berechnet sich unter Zugrundelegung der beiden gut übereinstimmenden Stammbacher Analysen von BUCHOLZ und RAMMELSBERG[1]), der Zusammensetzung des Muskovits vom Kornberg i. Fi.[2]) und eines Plagioklases $Ab_{81}An_{13}Or_{6}$ [3]) die Durchschnittszusammensetzung unter III (Gew. %):

	III	IV	V	VI
SiO^2	56.2	57.34	54.62	—
TiO^2	—	0.40	—	—
Al^2O^3	24.2	24.90	26.50	—
Fe^2O^3	1.7	1.10	0.76	—
FeO	—	0.94	0.56	—
MgO	Sp.	0.25	0.74	—
CaO	11.5	7.99	9.88	—
Na^2O	4.7	5.37	4.50	—
K^2O	0.8	1.23	1.23	—
H^2O	0.9	0.33	0.99	—
	100.0	100.25	99.70	—
si	168	186	163	145
al	42	47	46.5	47
fm	9	6.5	6.5	7
c	34	27.5	31.5	33
alk	15	19	15.5	12
k	0.04	0.13	0.14	0.12
mg	0	0.20	0.51	0.45
qz	+8	+10	+1	—3

III *Zoisitoligoklaspegmatit*, berechnete Durchschnittszusammensetzung.

IV *Andesinfels*, Fosse auf Radö bei Bergen (+ 0.40 S).

---

1) DÖLTER, Handb. d. Mineralchemie II 2 S. 793 Nr. 13 und Nr. 19.

2) Ebenda S. 423 Nr. 38.

3) Im Anschluß an die von VOGT (Zeitschrift d. D. geol. Ges. 83 1931 S. 493) gegebenen Durchschnittszusammensetzung des Feldspats der Oligoklaspegmatite.

V *Anorthosit* („Norit"), Mt. Marcy N. Y.
VI *Typus* der Anorthositmagmen nach NIGGLI [1]).

Wie ein Vergleich mit den Zahlen unter IV—VI zeigt, stimmt die Zusammensetzung des Pegmatits auffallend gut mit der typischer anorthositischer Gesteine überein. Berechnet man für III die Werte von SiO_2 (nach Abzug von 6.1% Quarz), Al_2O_3, CaO und Na_2O auf Plagioklas, so ergibt sich sehr angenähert der Wert für Ab_1An_1. Nur der mg-Wert ist niedriger.

Für die *Genese* dieses Gesteins scheinen mir folgende Möglichkeiten zu bestehen:

1. Der Zoisitoligoklaspegmatit ist ein Sekretionsprodukt aus dem Nebengestein (etwa in Form einer partiellen Anatexis) oder ein „Kontaktpegmatit" im Sinne von FERSMANN [2]).
2. Er ist eine unter besonderen Verhältnissen erstarrte magmatische Paragenese.

Für 1 käme in Frage eine Ausscheidung bei der Umwandlung des Eklogits in Granatamphibolit. Dieser Vorgang ist durch ESKOLAS ausgezeichnete Arbeit [3]) bis in alle Einzelheiten geklärt, wobei sich herausgestellt hat, daß dabei trotz allen Stoffwechsels im Einzelnen, die diese Retromorphose aus der höheren in die niedere Fazies begleiten, die Gesamtzusammensetzung konstant bleibt. Dies trifft auch für den vorliegenden Fall zu. Ebensowenig kommt eine spätere Extraktion aus dem Amphibolit in Betracht: das Nebengestein zeigt keine Spur von Entziehung der Kalkmengen, die zur Bildung des Pegmatitzoisit erforderlich gewesen wären. Gebilde, die hierher gehören, könnten die von DÜLL [4]) angeführten Trümer von Quarz + Disthen + Glimmer + Rutil sein, die genetisch mit dem den Eklogit umgebenden granitischen Material (Münchberger Gneis z. T.) zusammenhängen mögen.

Eine Aufnahme kalkigen Materials in tieferen Zonen durch den Pegmatit scheint nach der geologischen Lage ebenfalls nicht gegeben.

Es wird daher die Annahme 2 zu erörtern sein.

---

[1]) NIGGLI, Gesteins- u. Mineralprovinzen 1923, S. 140.

[2]) A. FERSMANN, Zur Geochemie der Granitpegmatite Min. Petr. Mitt. 41 1931 S. 200.

[3]) P. ESKOLA, The eclogites of Norway. Vid. Selsk. Skrift. I Math. nat. Kl. 1921 8.

[4]) DÜLL, Über die Eklogite des Müncheberger Gneisgebiets. Geogn. Jahresh. 15 1902.

Die Paragenese Eklogit + Anorthosit ist an sich nichts Unmögliches. Wo beide zusammen vorkommen, ist Anorthosit das jüngere Gestein [1]). Im Bereich der fichtelgebirgischen Eklogite ist Anorthosit bis jetzt nicht bekannt. Das viel umstrittene Problem der Anorthositbildung kann daher hier nicht herangezogen werden. Immerhin ist es auffällig, daß im Gegensatz zu der in den rein endomagmatischen Ablauf fallenden Bildung dieser Gesteine, die nach Bowen niemals eine flüssige Phase dargestellt hätten [2]), pegmatitisches Magma der gleichen Zusammensetzung hat entstehen können.

Nach Brögger [3]) ist für eine magmatische im Gegensatz zu einer hydrothermalen Spaltenausfüllung maßgebend, daß ihr Schmelzfluß den Spalt mit einem Male vollständig ausfüllt und danach durch Abkühlung innerhalb eines bestimmten Zeitintervalles zu einem Gestein erstarrt.

Für den Zoisitoligoklaspegmatit trifft diese Definition völlig zu. Die Struktur des Gesteins zeigt eine normale Erstarrungsreihenfolge aus einem ursprünglichen homogenen Magma. Ebenso ist an dem pegmatitischen Charakter des Ausgangsmaterials nicht zu zweifeln. Zwar ist in das Endprodukt nur ca. 1% Wasser eingetreten, doch kann der ursprüngliche Gehalt an flüchtigen Bestandteilen wohl größer gewesen sein. Von den normalen, durch besonders starke „Trockenheit“ ausgezeichneten Magmen des Mangerit-Anorthositstammes [4]) unterscheidet sich das vorliegende durch seinen relativ höheren Gehalt an Wasser. In ihm wird daher eine starke Erniedrigung des Kristallisationsbereiches auftreten, d. h. eine Annäherung an den Typus der *Helsinkite.*

Man kann sagen: *Der Zoisitoligoklaspegmatit verhält sich zum Anorthosit wie der Helsinkit zum Granit.*

Bei beiden liegt das Hauptcharakteristikum darin, daß an Stelle des Plagioklases ein Mineral der Zoisit-Epidotgruppe auftritt, während die Albitmolekel im extremsten Falle — Helsinkitfazies — rein auskristallisiert, oder, wie im vorliegenden Gestein, der „Abbau“ nur bis zu einem Oligoklas fortschreitet, eine Erscheinung, die auch in andern Fällen vorkommt, insbesondere in vielen Amphi-

---

[1]) P. Eskola, The eclogites of Norway. Vid. Selsk. Skrift. I Math. nat. Kl. 1921 8,

[2]) N. L. Bowen, The Evolution of Igneous Rocks 1928 S. 170.

[3]) Vgl. bei Th. Barth, Min. Petr. Mitt. 40 1929 S. 226.

[4]) V. M. Goldschmidt, Stammestypen der Eruptivgesteine. Vid. Selsk. Skrifter I. Math. nat. Kl. 1922 10 S. 8.

boliten gabbroider Abstammung zu beobachten ist. Zur Entscheidung der Frage, ob hierbei eine besondere „Fazies" vorliegt, deren pt-Bedingungen von denen der Helsinkitbildung abweichen, bedarf es noch weiterer Erfahrungen.

Der Reaktionsverlauf in dem erstarrenden Magma ließe sich folgendermaßen formulieren: (Bodenkörper in eckigen Klammern):

$$Ca_2Al_4Si_4O_{16} + 2\,H_2O \rightarrow [HCa_2Al_3Si_3O_{12}] + SiO_2 + Al(OH)_3;$$
$$2\,Al(OH)_3 + KAlSi_3O_8 \rightarrow [H_2KAl_3Si_3O_{12}] + 2\,H_2O;$$
$$yH_2O + SiO_2 \rightarrow SiO_2 \cdot xH_2O \rightarrow [SiO_2] + H_2O.$$

Die Kristallisation des Pegmatits schließt sich zeitlich an die des amphibolitischen Nebengesteins an (s. o.), die Mineralparagenese deutet ihm gegenüber auf niedrigere Temperatur. Auch in gabbroiden Gesteinen ist die Bildung von Saussurit und Zoisit ein rückläufiger Vorgang und kann gelegentlich mit einer hydrothermalen Phase in ursächlichen Zusammenhang gebracht werden.

Genaue Zahlenwerte für die Temperaturen dieser Prozesse lassen sich nach dem jetzigen Stand unserer Kenntnisse noch nicht angeben. A. FERSMANN hat solche für granitische Pegmatite verschiedener Zusammensetzung aufgestellt, wobei darauf hingewiesen sei, daß weder ihm noch sonst in der Literatur zoisitführende Typen bekannt sind. Muskovit-Albit-Quarzpegmatite würden danach in seine „pegmatoide Phase" bei einer Kristallisationstemperatur von 500—600°, also noch in das überkritische Stadium fallen. Wie weit die zur Bildung des Zoisits führende abweichende Zusammensetzung des Magmas hiervon eine Abänderung bewirken würde, läßt sich nicht mit Sicherheit sagen.

Bei den normalen Helsinkiten liegt die Temperatur nach BARTH [1]) wohl niedriger. Vermutlich hat der Zoisitplagioklaspegmatit eine Zwischenstellung zwischen diesen beiden.

[1]) Th. BARTH, Die Temperatur der Anatexis des Urgebirges im südl. Norwegen, mit einem Anhang über den Helsinkit. Centralbl. f. Min. 1926 S. 120.

11. Roeser, Ernst. Abbildung der hyperbolischen Ebene auf die Kugel mittels der Beziehung zwischen Lot und Parallelwinkel. Reichsmark 1.—
12. Rüger, L. Die direkte gebirgsgetreue Übertragung der auf dem Universaldrehtisch gewonnenen Messungsergebnisse gebirgsorientierter Schliffe in das Diagramm. Reichsmark 1.20
13. Jost, L. Elektrische Potentialdifferenzen an der Einzelzelle. Reichsmark 1.90

Jahrgang 1928. 1. Rüger, L. Einige Bemerkungen zur Darstellung tektonischer Elemente, insbesondere von Klüften und Harnischen. Reichsm. 1.20
2. Herbst, Curt. Untersuchungen zur Bestimmung des Geschlechts. Ein neuer Weg zur Lösung des Geschlechtsbestimmungsproblems bei Bonellia viridis. Reichsmark 1.50
3. Merton, Hugo. Untersuchungen über die Entstehung amöbenähnlicher Zeilen aus absterbenden Infusorien. Reichsmark 2.20
4. Baer, Reinhold. Zur Einordnung der Theorie der Mischgruppen in die Gruppentheorie. Reichsmark 2.20
5. Baer, Reinhold. Über die Zerlegungen einer Mischgruppe nach einer Untermischgruppe. Reichsmark 1.50
6. Roeser, Ernst. Komplementäre Körper der beiden nichteuklidischen Geometrien. Reichsmark 1.—
7. Krull, Wolfgang. Primidealketten in allgemeinen Ringbereichen. Rm. 1.10
8. Salomon, Wilhelm. Geol. Beobachtungen des Leonardo da Vinci. Rm. 0.90
9. Liebmann, Heinrich. Die Sätze von Lie und Gambier über Kurven eines Linienkomplexes. Reichsmark 0.90
10. Merz, K. W. Über den Wirkungsantagonismus von Blutkörperchen und Serum bei chemisch faßbaren biologischen Vorgängen. Reichsmark 1.20
11. Mühlbach, R. Über Raumkurven in der Möbiusschen Geometrie. Rm. 1.20
12. Ernst, Paul. Wurzeln der Medizin. Reichsmark 1.50
13. Mayer, Adolf. Naturwissenschaftliche Apologetik des Christentums. Rm. 1.60
14. Baer, Reinhold. Beiträge zur Galoisschen Theorie. Reichsmark 1.80
15. Salomon, Wilhelm. Neue geologische Beobachtungen im Baitonegebiet des Adamello. Reichsmark 0.90
16. Erdmannsdörffer, O. H. Über Disthen-Andalusitparagenesen. Rm. 1.20
17. Schneidt, Max. Kurvennetze ohne Umwege. Reichsmark 1.30
18. Bopp, K. J. H. Lamberts und A. G. Kaestners Briefe, aus den Gothaer Manuskripten herausgegeben. Reichsmark 2.20
19. Freudenberg, K. Zur Kenntnis des Fichtenholz-Lignins. Reichsmark 1.10

Jahrgang 1929. 1. Volk, Otto. Über Flächen mit geodätischen Dreiecksnetzen. Reichsmark 2.50
2. Schmidt, F. K., Krull, W., Breuer, S. Beiträge zur Algebra. Nr. 11—13. Reichsmark 1.80
3. Hieber, W., Zur Kenntnis der chemischen Reaktionen des Eisencarbonyls. Reichsmark 0.90
4. Salomon, Wilhelm. Gletscherbeobachtungen am Vadret Lischanna (Unterengadin). Reichsmark 1.—
5. Salomon, Wilhelm. Arktische Bodenformen in den Alpen. Reichsm. 2.50
6. Müller, Max. Über die Greensche Funktion des Laplaceschen Differentialausdruckes. Reichsmark 1.50
7. Rüger, L. Machairodus latidens Owen aus den altdiluvialen Sanden von Mauer a. d. Elsenz. Reichsmark 0.90
8. Lenard, P. Über Energie und Gravitation. Reichsmark 1.90
9. Deecke, W. Zur Entstehung der Kare. Reichsmark 0.80
10. Roeser, E. Neue Sätze über sphärische und hyperbolische Fünfecke. Reichsmark 1.—
11. Baldus, R. Über Eulers Dreieckssatz in der absoluten Geometrie. Rm. 1.—
12. Trautz, M. Die Reibung, Wärmeleitung und Diffusion in Gasmischungen. II. Reichsmark 2.80
13. Sander, B., u. Felkel, E. Zur tektonischen Analyse von Schmelztektoniten. Reichsmark 2.50
14. Scholz, Arnold. Beiträge zur Algebra. Nr. 14. Reichsmark 1.20

15. BAER, REINHOLD. Beziehungen zwischen den Grundbegriffen der Topologie. Reichsmark 1.60
16. HERBST, CURT. Untersuchungen zur Bestimmung des Geschlechts. Weitere Experimente über die Vermännlichung indifferenter Bonellia-Larven durch künstliche Mittel. Reichsmark 3.—
17. ERDMANNSDÖRFFER, O. H. Über Alkalihornblenden aus dem Radautal. Reichsmark 0.80
18. GRUBER, FRIEDRICH. Neuer Beweis des Transversalensatzes in der absoluten Geometrie. Reichsmark 0.80
19. ROSENTHAL, A. Über die Existenz der Lösungen von Systemen gewöhnlicher Differentialgleichungen. Reichsmark 1.20

Jahrgang 1930. 1. GOTTFRIED, C. Über kontaktmetamorphe Gesteine des Baitonegebietes in der Adamellogruppe (Italien). Reichsmark 1.—
2. RÜGER, L. Über einen Granulit mit „Sekundärschieferung" von Auerswalde i. S. Reichsmark 1.50
3. Beiträge zur Algebra Nr. 15—17: a) KAPFERER, HEINR. Über Schnittpunktsysteme mit vorgeschriebenen Multiplizitätszahlen. b) KAPFERER, HEINR. Eine idealtheoretische Lösung des Cramerschen Paradoxons, die jeden singularen Fall umfaßt. c) SCHOLZ, ARNOLD. Über das Verhältnis von Idealklassen und Einheitengruppen in Abelschen Körpern von Primzahlpotenzgrad. Reichsmark 3.20
4. KINZL, HANS. Flußgeschichtliche und geomorphologische Untersuchungen über die Feldaistsenke im oberösterreichischen Mühlviertel und die angrenzenden Teile Südböhmens. Reichsmark 3.20
5. BALDUS, RICHARD. Zur Axiomatik der Geometrie III. Über das Archimedische und das Cantorsche Axiom. Reichsmark 0.80
6. SALOMON-CALVI, WILHELM. Epeirophorese. Teil I. Reichsmark 1.40
7. WELLSTEIN, JULIUS. Zur Klassifikation der regulären Scharen quadratischer Formen. Reichsmark 1.—
8. BETTMANN. Über Modellierungen des Gefäßendabschnittes. Reichsmark 2. —
9. ROESER, ERNST. Sphärische und hyperbolische Vielecke. Reichsmark 1.65
10. KAUFMANN, BORIS. Über die Ränderzuordnung bei topologischen Abbildungen in der Ebene und im Raume. Reichsmark 1.65
11. SCHEFFEN, WALTHER. Pseudopemphix Fritschii Wüst, Lithogaster tiefenbachensis Assm. und Pemphix Sueurii Desm. Reichsmark 3.20
12. VOELCKER, ILSE. Felis issiodorensis Croizet von Mauer a. d. E. Rm. 1.40
13. SALOMON-CALVI, WILHELM. Epeirophorese. Teil II. Geodätische Beweise. Reichsmark 1.—
14. FREUDENBERG, KARL. Kritik an der Berechnung des optischen Drehungsvermögens von Zuckern. Reichsmark 1.—
15. JÄNECKE, ERNST. Über das reguläre vierdimensionale Fünfzell. Rm. 3.—
16. BOEHM, KARL. Über lineare Differentialgleichungen mit konstanten Koeffizienten und einer Störungsfunktion. Reichsmark 1.80
17. KAMKE, E. Über die eindeutige Bestimmtheit der Integrale von Differentialgleichungen II. Reichsmark 1.70

Jahrgang 1931. 1. PFANNENSTIEHL, MAX. Die Fauna der Kirchberger Schichten von Lohn am Randen. Reichsmark 2.75
2. SALOMON-CALVI, WILH. Radiumreiche Erdölsolen und das Problem der Herkunft ihres Radiums. Reichsmark 2.—
3. VOELCKER, J., Hippopotamus amphibius von Mauer a. d. Elsenz. Rm. 1.60
4. ERDMANNSDÖRFFER, O. H., Über Zoisitoligoklaspegmatit und seine Beziehung zu anorthositischen Magmen. Reichsmark 1.85
5. SCHMIDT, ARNOLD, Die Stetigkeit in der absoluten Geometrie. Reichsmark 1.80
6. KAUFMANN, BORIS, Parameterkurven ohne Halbtangenten. Reichsmark 1.90
7. HELLPACH, WILLY, Dritte Mitteilung zur Statik und Dynamik der deutschen Stammesphysiognomie. Reichsmark 2.20

WALTER DE GRUYTER & CO., BERLIN W 10 UND LEIPZIG

FSC
www.fsc.org
MIX
Papier | Fördert gute Waldnutzung
FSC® C083411

Zeitfracht Medien GmbH
Ferdinand-Jühlke-Straße 7
99095 Erfurt, Deutschland
produktsicherheit@kolibri360.de